AF305765

LES JEUX RURAUX

OU

LA FÊTE DES RUCHES,

SCÈNE PASTORALE

EN DEUX ÉGLOGUES;

Par Cl. Roucher-Deratte,

Ancien Professeur de Physique et de Chimie expérimentales à la ci-devant école centrale de l'Hérault ; Auteur d'autres Scènes Pastorales et de plusieurs Ouvrages scientifiques et de ; etc.

A MONTPELLIER,

De l'Imprimerie, de JEAN-GERMAIN TOURNEL;
Place de la Préfecture, N.o 216.

27 Février 1815.

NOMS DE INTERLOCUTEURS.

D'ARCHEROUTTE dit Aratre, Chef des agronomes.

DE HAUTETERRE, Agronome citadin.

RUCHICOLE, Agronome villageois.

ARISTÉE, Enfant naturel, agronome villageois.

EGLÉ, Bergère de Hauteterre, femme d'Arâtre.

CYPRINE, Bergère d'Aristée.

ESTELLE, Bergère de Ruchicole.

Le sujet de cette pièce, est particulièrement un
prix proposé et decerné sur le régime et l'administration des ruches, sur l'histoire et les mœurs des
abeilles, et sur l'industrie et l'instinct de ces merveilleux insectes; ayant pour cadre une scène pastorale, où le vainqueur obtient en même-temps en
mariage la fille d'un des concurrens, qu'il aimoit et
dont il étoit aimé secrètement, sans avoir osé y
prétendre, à cause de l'obscurité de sa condition et
de sa naissance, étant fils naturel d'un père inconnu :
scène où le hasard amène des Seigneurs de la suite
d'un de nos Princes, parmi lesquels on soupçonne
qu'il est incognito et parmi lesquels se trouve le père
du vainqueur, qui, faisant la reconnoissance de son
fils, ratifie le mariage : scène terminée par des
danses pastorales et pantomimes.

*Dans la première Eglogue, la scène se passe au
pied du village de Castelnau, près de la rivière
du lez, aux environs de Montpellier.*

LES JEUX RURAUX

OU

LA FÊTE DES RUCHES.

I.re ÉGLOGUE.

ARATRE et DE HAUTETERRE, *tous deux à l'ombre d'un platane.*

ARATRE. Nous pouvons ici tout à notre aise, à l'ombre de ce platane, à l'instar de ces anciens sages de la Grèce, disserter philosophiquement sur les mœurs des abeilles, en attendant l'heure assignée pour la célébration de la fête des ruches ; nous sommes dans une perspective charmante, nous avons la rivière sous les yeux ; un magnifique amphithéâtre de coteaux s'élève majestueusement sous nos regards en étalant à nos yeux toutes ses richesses végétales. Nous sommes à portée de mes ruches, que nous découvrons d'ici, et aucun importun ne peut nous déranger.

DE HAUTETERRE. Oui, mais je crains bien que nous ne puissions y rester long-temps ; la chaleur se fait trop sentir malgré l'ombrage ; des nuages qui parois-

sent du côté de l'ouest me font craindre un orage.
Mais voici Aristée et Ruchicole , qui approchent,
jouant ensemble du chalumeau.

ARATRE. Eh ! bon jour, Aristée , Ruchicole ! D'où
venez-vous ainsi? A vous voir, on vous prendroit
pour des bergers d'Arcadie , faisant sans cesse réson-
ner leurs chalumeaux.

ARISTÉE. Nous venons, Ruchicole et moi, de nos
parcs , visiter , compter , marquer nos brebis, d'assister à leur départ pour les montagnes de l'Espérou,
d'endoctriner et donner nos ordres à nos bergers-
valets , de leur recommander beaucoup de surveillance
et de ménagemens dans la garde et la conduite des
troupeaux , de ne pas abuser de la houlette ; et
pour les égayer au moment du départ , les exciter
et les disposer à la marche , nous avions pris chacun
notre chalumeau.

Les voilà partis tous réjouis , pasteurs satisfaits ;
brebis bêlant , chien aboyant de joie et comme de contentement de changer de domicile , d'abandonner des
prés déjà flétris , des coteaux presque desséchés ,
dépouillés en grande partie de thym et de lavande ,
pour les frais et agréables pâturages , renfermés dans
les vallons exhaussés des montagnes , pour cette forêt
de plantes aromatiques et salubres qui parfument
l'air vierge de leurs sommités , placées au-dessus des
orages , respectées de la foudre , qui n'étincelle , ne
sillonne l'air et n'éclate que bien loin au-dessous d'elles;
bien aises aussi de fuir les feux de la canicule , près
de s'allumer. Enfin, selon l'usage de l'Arcadie, de faire
nos adieux au son du chalumeau , à nos troupeaux ,
et , tout en regagnant notre modeste manoir et che-
minant à petit pas , nous faisions un petit assaut de
chalumeau.

ARATRE. Eh bien ! faites une halte ici , vous ne sauriez y être de trop. Il s'agissoit entre nous d'abeilles, et vous êtes , m'a-t-on dit , du nombre des connoisseurs. Asseyez-vous ; nous pourrons préluder à nos jeux , parler ruches , abeilles et miel en général D ici vous pouvez voir mon rucher , et même quelques abeilles s'agiter , aller , venir , voltiger de fleurs en fleurs , cueillir pour elles et pour nous la liqueur éthérée dont s'emplissent leurs nectaires.

DE HAUTETERRE. Vos ruches menacent d'essaimer. Les bourdonnemens du grand nombre qui voltigent à l'entour de quelques ruches , les allées et venues de leurs messagères , qui ont l'air de sonder les creux des arbres voisins , les trous des murailles , m'annoncent le départ de quelque colonie , et ce jour ne s'écoulera pas , je crois , sans quelque émigration de votre peuple ailé.

ARATRE. Je le pense aussi. De nouveaux édifices sont disposés pour aller les recueillir et les établir près des ruches métropolitaines.

RUCHICOLE. Je crois aussi que vous devez vous y attendre ; au reste c'est le moment où les ruches encombrées de leurs richesses et plus encore de leur population , doivent s'alléger et d'une partie de ce peuple immense et de ces rayons dorés , ruisselans de miel , dont elles regorgent déjà.

ARISTÉE. Je m'aperçus hier que la taille voisine des ruches faisoit déjà sautiller de joie les enfans , que déjà chaque ménage se réjouissoit de l'espoir d'une abondante récolte ; que nos bergères attendoient impatiemment l'ouverture des ruches. La cherté du sucre et la pénurie de miel qu'occasionna la sécheresse de l'année dernière leur font négliger le laitage. Quelque suave qu'il soit , privé d'une édulcoration de sucre ou de miel , le lait leur paroît perdre de sa saveur. Le goût dépravé des villes a pénétré dans nos hameaux, et le principal aliment et breuvage des enfans et des femmes s'aigrit dans nos laiteries, étant plus que suffisant pour la provision du fromage.

ARATRE. Notre sujet de conversation prend déjà beaucoup trop d'intérêt. Je crains que nous n'affoiblissions celui que doit présenter la lutte de ce soir, J'aperçois d'ailleurs beaucoup de mouvement et de monde autour de mon rucher, et même des enfans courir après quelque essaim, parti sans douse de mes ruches.

ARISTÉE. J'offre d'aller vous le recueillir , possédant, comme vous savez , la propriété de manier les essaims d'abeilles impunément : j'y cours.

AAATRE. Qu'il est officieux , cet Aristée ! Je suis bien aise aussi de l'amélioration de sa fortune. Il étoit digne d'un autre sort. Son éducation, ses lumières , sa naissance, dont il a toujours fait secret , l'appellent à d'autres destinées , et nous pourrions bien le perdre quelque jour.

DE HAUTETERRE. On dit que c'est le fils naturel de quelque grand seigneur : est-ce vrai ? Racontez-moi , en attendant qu'il soit de retour , ce que vous savez de son histoire.

ARATRE. C'est très-vrai. Il en a des preuves. Il possède un médaillon qu'il porte , dès son bas-âge , suspendu à une chaîne d'or , que tout porte à croire être celui de son père, par sa ressemblance avec lui. L'éducation brillante qu'il a reçue , sa grande instruction , ne sauroient laisser aucun doute qu'il n'appartienne à des parens très-distingués ; la somme considérable qui lui a été comptée depuis peu , avec laquelle il vient de se donner une propriété, ajoute infiniment de probabilité à cette conjecture, quoiqu'il ignore le nom, l'état, la nai-sance, de ses parens et le lieu de leur résidence : il n'a jamais eu d'autre relation qu'avec sa nourrice, une bonne femme de cette contrée, qui s'en chargea sans avoir pu savoir à qui il appartenoit. Elle eut soin de lui jusques à l'âge de six à sept ans ; il lui fut enlevé pour passer dans une maison d'éducation, faire des études, suivre même des cours publics dans diverses facultés. Mais des correspondans qui ne lui laissoient manquer de rien ayant suspendu de lui faire toucher des fonds, désespéré, ne sachant où tourner la tête, quel parti honorable il pouvoit prendre, il retourna dans ce pays-ci, le lieu de son berceau, comptant y trouver sa bonne nourrice. Elle n'étoit déjà plus. Engoué de l'état de berger par la lecture des romans, il fut offrir ses services sous cette qualité dans le voisinage, ayant eu soin de se travestir. Un peu dégoûté de la vie dure de valet, et n'étant pas trop à portée d'autre ressource, il se livra à l'agriculture. Son intelligence et ses hautes lumières lui ont fait acquérir dans peu de temps, un talent, une expérience et une sagacité rares, et acquérir des connoissances précoces en agronomie dans les parties les plus transcendantes de la science. Vous le connoissez, à cet égard. De bonnes mœurs, d'ailleurs, un esprit scintillant, une imagination vive, avec cela beaucoup de bon sens, d'à-plomb et de sagesse, assez d'amabilité en font un jeune homme accompli. Je voudrois avoir une sœur ou une fille, je croirois faire son bonheur que d'en faire sa femme.

De Hauteterre. Je ne doute point de ses moyens et de ses qualités ; et, entre nous, je soupçonne bien qu'ils ne se voient pas avec indifférence Cyprine et lui ; ce qui fait que je suis le plus que je puis à la ville. Je ne puis lui en savoir mauvais gré , il est infiniment respectueux , réservé et sage , comme je m'en suis aperçu. Mais , comment consentir , le respect humain , mon nom ! encore si l'on pouvoit être assuré que sa fortune allât s'améliorant et découvrir son origine ! Je ne doute pas qu'il ne soit bien né; mais cette incertitude est terrible. Ruchicole voudra bien garder le secret. Je compte sur sa discrétion.

ABATRE. Mais , le voici : Eh bien ! Aristée , où en est l'essaim de nos ailés émigrés ?

ARISTÉE. Dans l'emplacement de la nouvelle cité , qu'il va fonder sous vos auspices.

ABATRE. Comment , sitôt ! cela se peut-il ?

ARISTÉE. Oui je dirai comme César *veni , vidi , vici* ; et bien plus je n'ai fait qu'apparoître , et sans me donner la peine de courir après lui , ni de le saisir , je n'ai fait que lui présenter la ruche hospitalière , en même-temps que j'ai tâché de l'épouvanter par l'explosion d'une arme à feu , et soudain je l'ai vu et se pelotoner et se précipiter du haut des airs et se réfugier en très-grande partie sous l'asile protecteur qui lui étoit offert. L'appréhension de l'orage qui nous menace peut bien y avoir contribué.

DE HAUTETERRE. Est-ce que les abeilles , Aristée , n'ont pas d'aiguillon pour vous. On dit que vous y portez la main , ainsi que sur leurs essaims impunément et sans rien craindre? Avez-vous quelque moyen , quelque secret analogue à celui qu'un savant anglais a fait connoître depuis peu à la société royale de Londres ? Est-ce que vous en auriez connoissance ?

ARISTÉE, Non , j'ignore quel peut être le procédé

de ce savant. Mais je puis vous raconter comment ce don m'a été communiqué.

DE HAUTETERRE. Très-volontiers, c'est assez intéressant pour exciter la curiosité ; et puis, mon cher, je prends un sincère intérêt à toutes vos qualités. Ceci a rapport, au reste, à l'objet qui nous occupe et doit nous occuper, autre motif pour désirer d'en avoir connoissance, en supposant que cela ne puisse nuire à vos prétentions.

ARISTÉE. Je n'en fais pas mystère ; pour vous, respectable agronome, je n'aurai point de secret ; trop heureux que la fortune pût me fournir des occasions pour mériter votre bienveillance et vous prouver mon dévouement !

DE HAUTETERRE. Intéressant Aristée, vous l'avez ma bienveillance, et si je puis faire pour vous quelque chose, vous en aurez la preuve et l'assurance. Il n'y a qu'un instant que nous nous entretenions de vous et de toutes vos qualités. Arâtre vous estime comme vous le méritez. Mais racontez-nous. . . . .

ARISTÉE. Un dimanche à une époque pareille à celle-ci, il y a cinq à six ans, m'étant couché sur le gazon au pied de ce hêtre que nous apercevons, pendant que mon troupeau paissoit, sous la garde vigilante de mon chien, et rêvant Bucoliques, Virgile, Abeilles, Miel et Aristée, fils de Cyrène, je me laissai insensiblement surprendre par le sommeil, la tête et les yeux appesantis, tant par la chaleur que par la méditation. A peine endormi, le fils de la nymphe Cyrène m'apparut sous les attributs d'un berger, portant panetière et houlette, et sous les traits vénérables d'un vieillard en cheveux blancs, un essaim d'abeilles voltigeant autour de sa tête en forme d'auréole. Quelle ne fut pas ma surprise ! il m'aborde en souriant, me rassure, sort de sa poche une fiole contenant une liqueur dorée, une essence d'une odeur d'ambroisie, pareille à celle dont les Dieux se parfument les cheveux, et s'inclinant sur moi, il m'en oignit les mains et le visage; les abeilles alléchées fondent sur moi aussitôt; je n'en éprouve la moindre piqûre; quelques-unes voltigeant sur mes lèvres, y distillèrent quelques gouttes de miel; mais mon chien qui en fut harcelé, s'étant mis à aboyer, je m'éveillai en sursaut, bien surpris de me voir couvert d'abeilles, mais regrettant que l'apparition du Dieu fut dissipée. Depuis cette époque, je n'ai cessé de manier des abeilles et toujours sans en être blessé ni piqué.

DE HAUTETERRE, *ainsi que ses compagnons.* C'est quelque chose de bien merveilleux qu'un pareil songe! Mais ces abeilles vous respectant dès ce moment, c'est quelque chose de prodigieux! On conçoit que la présence des abeilles au temps de leur émigration, auroit pu coïncider avec votre songe, après une méditation profonde à ce sujet. Mais des abeilles semblables! Cela passe l'imagination.

ARATRE. Il faut avoir été plongé dans le styx, comme Achile, ou oint d'une essence sacrée par une divinité tutélaire, pour être invulnérable aux abeilles; en vérité, c'est quelque chose de bien merveilleux qu'un pareil songe. Vous devez, Aristée, vous attendre à des choses bien étonnantes; des événemens si extraordinaires dans la vie ne peuvent qu'être précurseurs de quelque faveur signalée des Dieux.

Mon cher Aristée, l'étoile radieuse du berger répand et répandra sur vous, du haut des cieux, ses douces influences. Cet astre, soyez en sûr, vous conduit à quelque bonne fortune.

Rochicole. Je ne croyois pas à l'astrologie, mais je vois que l'horoscope que la petite astrologue vous fit dans la dernière fête des jeux ruraux , pourroit bien s'accomplir. Tenez Aristée, je le verrois avec bien du plaisir, ainsi que tous les habitans du canton ! Nous vous aimons tous comme notre frère ou un fils.

De Hauteterre. Mais nous oublions que le temps se gâte et s'obscurcit, que l'orage est près d'éclater ; je vois les bergers se hâter d'abandonner les prairies et les coteaux, presser la marche des brebis pour gagner la bergerie. J'entends les croassemens lugubres des corbeaux, et je vois les timides oiseaux épouvantés par l'orage et par les oiseaux de proie, fuir silencieusement à tire-d'aile, chercher un abri hospitalier dans les creux des arbres et ceux des murailles ; nos abeilles se presser de rentrer dans les ruches pour aller s'abriter. Nous entendons l'air par intervalle mugir sourdement dans la profondeur des cieux ; une vapeur suffocante gêne sensiblement la respiration. Voyez-vous de divers points de l'horison et principalement de l'occident , s'élancer des vents tempétueux qui se choquent, se heurtent ? Les nuages qui s'attirent et se repoussent avec violence en paroissent électrisés. Leur couleur cendrée sulfureuse annonce la foudre renfermée dans leurs flancs. Comme des tourbillons de poussière pyrouetant , s'élèvent au-dessus de la terre, troublent, obscurcissent la transparence de l'air , et nous dérobent l'aspect de la campagne ! Je crois qu'il est prudent sans plus retarder de déguerpir.

Aratre. Oui, sans doute ; mais puisque nous avons tant fait que de suivre les progrès de cet orage, faisons quelques pas en arrière pour nous abriter : voici un belvéder qui nous offre un couvert officieux ; de là, nous acheverons de considérer l'orage : que risquons-nous. Il est encore de bonne heure, nous avons beaucoup de temps d'ici à l'heure de la séance : ainsi contemplons le temps. Les tempêtes sont de belles horreurs qui ne se présentent pas tous les jours.

ARATRE. Nous n'avions pas temps à perdre ; voyez comme les nuées condensées se précipitent des hautes régions de l'atmosphère ! à leur approche, déjà le ciel étincelle, un bruit sourd et roulant dans le lointain se fait entendre : comme tous les arbres que l'on a peine à distinguer par intervalles, frênes, aulnes, peupliers, oliviers et mûriers voisins de nous, frémissent, courbent leur tête ! comme ébranchés, déchirés et déracinés, plusieurs avec plus ou moins de craquement et de bruit, sont forcés de céder à la tempête ! Quelle lame de flamme, quel vaste éclair vient de partir en serpentant, et sillonnant une grande étendue des cieux ! Quelle explosion épouvantable de la foudre ! j'en suis assourdi. Ne sentez-vous pas une odeur de soufre ?

ARISTÉE. Et voilà que la foudre s'est pricipitée près de nous, à quelques pas, dans l'enclos même où nous sommes ! le voisinage du clocher l'a, sans doute, attirée, et nous a valu cette visite brusque et importune : l'alarme paroît s'être répandue dans le hameau, à en juger par la rumeur dont on s'aperçoit.

Arâtre, les éclairs et la foudre se succèdent avec rapidité. Nous n'y voyons plus qu'à la clarté d'un clair-obscur livide et plombé : voici une averse de pluie qui tombe à grands sceaux ; les nuées pressées, condensées, abaissées et déchirées, vont nous donner un déluge, et peut-être occasionner une inondation, nous risquons d'en être ici assiégés. Avec quel fracas la pluie se précipite en cascade le long des coteaux , et se roule en torrent dans la plaine! Comme les eaux de la rivière se sont accrues, et surmontant leurs bords, sortent de leur lit et gagnent déjà du terrain!

ARATRE. Cette inondation est vraiment effrayante. Oui. le lit de la rivière est entièrement disparu! Quelle étendue de plaine submergée! On voit les petits ravages du déluge. Je vois flotter divers objets, des outils aratoires. et divers ustensiles disséminés çà et là. au milieu desquels j'en vois qui sont entraînés avec rapidité, sans doute par le courant ou le mouvement et l'impulsion des eaux de la rivière que nous ne distinguons plus. Les eaux doivent avoir fait irruption jusques dans quelques fermes, je vois des animaux, des cochons entraînés. O quel débordement! quel ravage! que de débris charrient les eaux! L'âme et l'œil voient avec peine cette scène! Quel tableau pour un peintre, un Vernet! Si cela alloit continuant, nous ne serions pas trop ici en sûreté.

ARISTÉE. On doit être inquiet de vous autres. Eglé, Cyprine, il doit bien leur tarder de vous rejoindre.

DE HAUTETERRE. Heureusement la fureur de l'orage s'est calmée. Déjà nous voyons les eaux se replier. La pluie a cessé, le temps s'éclaircit. Voilà qu'Iris déploie dans les cieux sa brillante ceinture pour les rassurer. Déjà je vois voltiger du monde dans la campagne. Si je ne me trompe, Aratre, je crois voir approcher ma Cyprine et votre chère Eglé. Il faut qu'elles soient alarmées, il faut les plaisanter.

RUCHICOLE. Quel courage pour des créatures si délicates, de venir à travers un temps pareil, et par des chemins encore submergés! Ce que c'est que l'attachement, la tendresse d'une femme et d'une fille! Aristée, il faut nous marier. Il n'y a rien comme cela pour avoir des amis dévoués.

De Hauteterre, *à sa fille et à Eglé.* Et d'où venez-vous, créatures célestes? Descendez-vous des cieux ou êtes-vous venues à la nage? Où allez-vous?

Eglé. Joindre nos bergers, comme des tourterelles épouvantées par l'orage, par la chute de la foudre, qui n'ont rien de plus empressé que de se rapprocher de leurs tourtereaux.

De Hauteterre, *en embrassant sa fille.* Je reconnois bien là, chère enfant, ton dévouement filial.

Aratre, *à Eglé.* Mon ange, à toi bien reconnoissant.

Cyprine. Père si bon, si tendre ne doit pas s'attendre à moins ! Je crois que si les eaux eussent cru davantage, Eglé et moi, dans l'impatience de vous rejoindre, nous fussions venues vous trouver en bâteau, avec la nacelle du meûnier !

De Hauteterre. Ce n'eût pas été merveilleux pour une héroïne de braver le danger, si l'amour, assis sur l'autre rive, eût été à l'attendre ; mais de pareils sentimens éprouvez par vous et pour nous, sont sublimes ! Qu'en dites-vous, Aratre ?

Aratre. Que nous sommes aimés par des anges, des archanges, pour qui l'on doit tout faire.

Eglé. Quel aimable et charmant berger (*en l'embrassant*) ! A cette considération, je vous absous de la peine que vous avez encourue ; car j'étois toute disposée à vous bien bouder, gronder du souci et du chagrin de vous savoir si peu abrités contre une si furieuse tempête ; la foudre ayant frappé si près du réduit où l'on nous a dit vous avoir aperçus, cherchant dans le hameau à savoir ce que vous étiez devenus.

Aratre. Etant à causer sur les abeilles, sur la lutte qui doit avoir lieu ce soir relativement à cet objet, nous nous sommes laissé surprendre par l'orage s'étant formé brusquement, et nous avons cru plus sage et plus prudent de nous mettre à couvert à proximité que de nous exposer à en être assaillis.

Mais ce n'est pas de quoi il s'agit dans ce moment-ci, nous voilà, comme vous savez, ajournés pour la fête pastorale, qui doit avoir lieu cet après - midi. J'attends, ma bonne amie, de votre complaisance, que vous convoquerez une soirée chez nous pour donner un peu d'éclat à la solennité, électriser un peu l'enthousiasme dans le canton, pour l'agronomie. Toilette à la bergère ce soir, hommes et femmes, je vous en prie ! que tout retrace les mœurs et les costumes du bon vieux temps ; temps heureux, trois fois heureux ou la houlette, emblème du sceptre, n'étoit pas moins en honneur ! Nous allons nous retirer pour nous rejoindre. Nous vous laissons Aristée ; vous m'obligerez d'aller ensemble visiter mon rucher, avant de rentrer, de crainte de quelque dégât, occasionné par l'ouragan. Au revoir, aimable bergère !

Eglé. Eh bien, Aristée, permettez-moi de vous faire compliment de votre acquisition ; il me tardoit de vous revoir. Vous avez fait une excellente affaire.

Aristée. Assez bonne. Je vous remercie, Eglé.

Eglé. En vérité je m'aperçois que la fortune commence, heureux Aristée, à vous distribuer de ses faveurs ! elles vous sont bien dues ; certainement vous les méritez. Cyprine et moi en sommes très-aises. Il y a long-temps que si nous avions pu donner le branle à la roue de la fortune pour vous élever, nous l'eussions fait avec un égal plaisir. Espérez, que vos destinées vous appelleront à une heureuse existence ainsi que vous le promit l'astrologue.

Aristée. *(Prenant et baisant respectueusement*

la main d'Eglé et de Cyprine) Je vous dois une égale reconnoissance à l'une et à l'autre , *mais en fixant plus particulièrement Cyprine.* Quoi qu'il en soit, je m'estimerai toujours heureux de l'amitié dont vous voulez bien m'honorer. Pour un cœur sensible et délicat, *s'adressant à Cyprine*, les vœux formés par les grâces et l'estime flattent infiniment plus que toutes les faveurs capricieuses de l'aveugle déesse.

CYPRINE. En me mettant de moitié, Eglé, dans ses sentimens à votre égard, honnête et vertueux Aristée, m'annonce et me prouve qu'elle connoit le prix de l'amitié et j'augure que vous l'appréciez aussi.

ARISTÉE. Intéressante Cyprine, il ne faudroit pas vous connoître pour ne pas apprécier bien haut votre amitié et vos qualités aimables ; je tiens à grand honneur et à grand bonheur votre bienveillance et vos bontés amicales. Puissé-je être assez heureux, que de voir mettre le comble à ma félicité, remplir mes vœux,

CYPRINE. Vous ne devez désespérer de rien, la lutte honorable qui va s'ouvrir ne pouvant qu'ajouter à l'opinion flatteuse que tout le monde a conçu de vous, il est possible que marchant de victoire en victoire vous n'atteigniez votre but !

EGLÉ. Cyprine, Aristée, je ne doute pas qu'à mon exemple et à celui d'Arâtre le sort ne vous destine l'un pour l'autre. De Hauteterre pourroit bien, d'après l'estime qu'il porte à Aristée, faire votre bonheur, à tous deux. Arâtre fait tous ses efforts pour l'y amener sans brusquer la chose ; de Hauteterre fera plus par grandeur d'âme et générosité que par tout autre motif Je vous dirai, Aristée, comme je disois à Arâtre en pareille occurence. Allez, combattez, pour la gloire et pour l'amour, allons voir nos ruches.

II.ᵉ ÉGLOGUE.

La Scène dans la 2.ᵉ Eglogue est dans un salon. On voit paroître d'Archeroutte, suivi et précédé des agronomes-bergers et agriculteurs-bergers, de leurs femmes, filles et enfans, tous en costume de bergers, au son des instrumens champêtres. La marche est ouverte par ceux qui en jouent; à la suite desquels est portée en triomphe une ruche en paille tissue, dorée avec un chapiteau de paille de diverses couleurs, surmonté d'un panache de plumes différemment colorées; une guirlande de perles de différens émaux en entoure le chapiteau et une frange en or borde son tablier de bois d'acajou. La face antérieure de la ruche présente dans son tissu le Dieu Aristée, et les autres des abeilles.

Bᴇʀɢᴇʀs-ᴀɢʀᴏɴᴏᴍᴇs et bergers - agricoles, et vous tous amateurs distingués de l'agronomie, rassemblés pour célébrer la fête des ruches, que j'ai l'honneur de présider, cédant à vos vœux, pour remplacer le Nestor des agronomes, Agrostème, salut, honneur et respect. Nous allons, d'après nos anciens us et coutumes et leur restauration, ouvrir dans ce jour solennel la lice des jeux ruraux et chalumiques.

Si nos jeux n'ont pas l'éclat et la célébrité des jeux olympiques, qui faisoient affluer de toutes les parties de la Grèce l'élite des hommes à talent, jaloux de donner de la célébrité à leur mérite dans divers genres d'escrime, et qui attiroient une foule de curieux, que leurs lumières, leurs goûts pour les arts portoient à venir, par leur présence, exciter l'émulation, enflammer le courage des athlètes, et honorer le triomphe des vainqueurs : du moins l'utilité de nos jeux et nos modestes prétentions doivent

B

nous mériter quelques applaudissemens, ou tout au moins des sentimens de bienveillance.

Les progrès de l'agronomie, la prospérité de la bergerie, les grands intérêts de la société et de l'état, le désir de propager l'amour de l'agriculture et tous les goûts simples de la nature et de la vie champêtre, voilà où tendent nos jeux, nos luttes agronomiques et notre ambition.

Quoique ce ne soit plus le temps où la profession d'agronome, de pasteur étoit si honorée ; quoique l'on ne voie plus, comme dans les temps patriarcaux les puissans et riches de la terre compter leurs richesses par leurs troupeaux, conduits par leurs houlettes, à l'instar des patriarches-pasteu.s, Job, Abraham, Laban, Moyse qui gardoit ceux de son beau-père sur le mont Oreb; quoique les richesses des Rois ne consistent plus en troupeaux comme celles d'Ulysse, parmi les Grecs, et celles du Roi Latinus chez le premiers Romains, la profession d'agronomes n'en doit pas moins mériter dans l'opinion.

Oui, les utiles sciences et arts de l'agronomie et de l'agriculture sont bien dignes de toute notre considération. Toutes les productions dues aux découvertes, aux observations agronomiques, aux nouvelles expériences, aux nouvelles méthodes, aux nouveaux procédés d'agriculture sont d'un plus grand ordre d'intérêt et d'utilité, que celles des arts du luxe et des arts libéraux même.

Cette grande considération doit être plus que suffisante pour faire sentir la haute importance d'honorer au moins par l'opinion les enfans de Triptolème, l'homme paisible des champs, d'exciter par des prix des récompenses un louable zèle pour faire prospérer la ferme et la bergerie, et restaurer ces douces

affections cet attachement pour la vie et les occupations champêtres , qu'accompagnent toujours les
gouts simples , les vertus patriarcales , sources du
véritable bonheur , que nous ne connoissons guère
plus que de nom.

C'est dans ces vues que porte l'institution de nos
jeux ruraux et chalumiques, que la carrière est
ouverte , et que pour objet de lutte et d'escrime ,
je propose pour sujet , en tout ou en partie , le
régime et l'administration des ruches , l'histoire des
abeilles et de leurs mœurs , l'industrie et l'instinct
de ces précieux insectes , avec une explication de
leurs phénomènes ; et que pour prix il sera décerné
un chalumeau , appartenant au célèbre Agrostème.

Les ruches sont une des richesses intéressantes ,
de l'agronomie , un objet de commerce bien digne
de culture , tant par l'importance du miel que par
celle de la cire.

Gâteaux sacrés , délectables , dignes des Dieux ,
substances sucrées et balsamiques , riches trésors des
ruches , que n'aurois je pas à dire à votre gloire si
j'énumérois tous les avantages rendus par vous à
l'homme et à la société. Les Dieux sans doute , en
nous gratifiant de ce présent signalèrent leurs bienfaits
envers nous ; il suffira de dire un mot de vos usages
pour provoquer notre reconnoissance.

Le miel qui en est extrait , substance sucrée muci-
lagineuse , aromatique , distingué en miel vierge et
miel ordinaire , selon qu'il est fourni sans expression ,
ou avec expression , des rayons , a des usages économiques , pharmaceutiques et médecinaux très-variés.

Excipent de plusieurs substances qui lui communiquent des vertus appropriées aux infirmités , il
fournit divers miels médicamenteux ; susceptible de

passer à la fermentation spiritueuse, il en résulte de l'hydromel; dissout dans l'eau et mêlé avec du vinaigre, nous avons un oxicrat agréable rafraichissant; suppléant plusieurs substances sucrées, purgatives, il nous rend souvent la santé; ses propriétés sirupeuses édulcorantes, combien ne nous rendent-elles p s de services en médecine et dans les usages économiques, par les divers sirops, les gelées, extraits, compôtes plus ou moins délicieuses; sa saveur sucrée aromatique, favorable, amie de l'économie animale, comme substance tonique, balsamique, adoucissante, en font l'aliment le plus exquis, appété par l'enfance, le sexe, le vieillard, l'homme bien-portant, l'infirme.

La cire substance, huileuse, concrète, distinguée en cire vierge, ou brute, selon qu'elle a été purifi e. ou non de ses principes étérogènes par diverses fusions et expressions, par une exposition réitérée après sa purification, à la rosée des cieux, qui la dépouille de son principe colorant, la blanchit; d'où résulte la cire blanche ou vierge, supérieure à la jaune; n'a pas un emploi moins étendu que le miel, sous le rapport des différents arts du luxe, si elle est moins utile

La cire blanche, ou jaune, coulée dans des moules traversés d'une mèche, nous fournit les diverses bougies; la cire blanche, jouissant, par sa lumière, d'une clarté sans odeur et fulinogités, de la prérogative d'éclairer le temple des immortels, les palais des Rois, les hôtels de l'opulence, dont la magnificence, la décoration rejettent toute lumière vaporeuse et salissante.

Entrant dans les usages pharmaceutiques, dans la préparation des pommades, onguens, emplâtres,

cérats, que de services ne rend-elle pas à l'humanité !
mêlée à l'huile, la cire blanche, broyée avec des
couleurs, il en résulte diverses cires colorées, et en
y ajoutant des résines diverses cires à cacheter ; unie
avec de la poix grasse qui la ramollit, c'est une substance propre à recevoir l'empreinte des scellés ;
associée au sucre candi, susceptible de prendre celles
des pierres gravées ; enduit des étoffes de toile, de
soie, elle les rend imperméables, à la pluie ; vernis
simple, la cire jaune, donne de l'éclat aux meubles
les plus modestes, ainsi qu'aux pavés colorés du luxe ;
fondue avec quelques ingrédiens, la cire blanche
il en résulte un vernis encaustique, employé par les
vernisseurs, statuaires ; modelée enfin, la cire par
les statuaires, les anatomistes, sous toute sorte de
forme, de figure, que de représentations, imitant la
nature, n'en résulte-t-il pas entre les mains des uns
et des autres, ne fût-ce que celles qu'offrent à notre
admiration ces riches galeries d'hommes illustres
et célèbres, dont le fantôme inspire le talent,
et toutes les vertus religieuses, militaires et
sociales !

La cire et le miel, sous un point de vue d'économie
publique, doivent nous être bien précieux et nous
engager à la culture des ruches. Chaque ruche pouvant
produire au moins une douzaine de francs chaque
année à son propriétaire, il doit en résulter qu'une
centaine de ruches dans une ferme, ce qui ne seroit
pas excessif dans les lieux convenables aux abeilles pour
la récolte du miel, donneroit un revenu de cinquante
louis, qui ne laisseroit pas que de jeter une certaine aisance dans une ménagerie.

Les ruches mettent d'ailleurs comme sous la main,
dans les campagnes, un extrait délicieux, bien su-

périeur à tous ceux que les fruits édulcorés par le sucre peuvent nous fournir.

Pouvant d'ailleurs facilement transporter les ruches par bateau ou charrette à une certaine distance, avec les précautions convenables, un propriétaire peut se procurer le voisinage des bois et des montagnes, comme on le fait pour les troupeaux, dans les saisons des fleurs pour mettre à même les abeilles de récolter assez de miel pour leurs besoins de toute l'année et pour le dédommager de ses peines et de leur culture ; les abeilles savent au reste aller le cueillir à d'assez grandes distances, à une lieue et plus, sans craindre de faire deux ou trois voyages par jour.

Le résultat des ruches, susceptible d'amélioration, et de devenir un revenu plus ou moins considérable, selon son étendue, doit faire rechercher tous les moyens de faire fleurir cette branche d'économie rurale.

Tout, sous un gouvernement doux et paternel, comme celui de l'empire des lys, doit engager à multiplier les ruches et les abeilles. Cette fleur suave flétrie depuis long-temps et moins cultivée, reprenant tout son arôme et son antique culture, ne peut que fournir aux abeilles un nectar plus abondant et plus suave.

Riches vergers, jardins fleuris, gazons émaillés de fleurs, prés et vallons abrités, parfumés par le narcisse, la jacinthe et la suave violette, coteaux odorans de thym, de lavande, d'aspic, de serpolet ; bois et forêts, asiles paisibles des fleurs sauvages et modestes, des bruyères, des centaurées, des cystes, des romarins, des pins, des mélèzes et des cyprès ; monts si mellifères, haies et buissons exhalant le parfum des plantes mielleuses ; asiles quelconques des fleurs , lieux privilégiés de l'empire de Flore ; chéris et recherchés du peuple ailé des ruches puissiez-vous , dans les belles saisons , n'avoir pas à souffrir de trop d'humidité ni de trop de sécheresse, également pernicieuses à la délicatesse de l'organisation des fleurs ! puissiez-vous , sous des constitutions favorables , sécréter avec abondance ce nectar divin, en tenir toujours pleins leurs nectaires au gré des désirs insatiables de l'insecte industrieux !

D'après toutes ces considérations , l'époque de la taille des ruches est assez importante pour être fêtée.

Les diverses époques de l'agriculture, signalées chez nos premiers pères par des emblèmes terrestres ou célestes , plus célébrées alors que l'on savoit mieux apprécier les véritables richesses, fournissoient tout autant de fêtes rurales, où l'homme utile des champs , se livrant à la gaîté et aux plaisirs innocens, que l'on goûtoit près de la nature , oublioit ses pénibles labeurs, qu'exigent les productions de la terre ; et reprenant de nouvelles forces , sa vigueur restaurée pouvoit fournir à de nouveaux travaux , jusques à une nouvelle scène de plaisir et de repos : tant le cercle de l'année et des travaux rustiques circuloit utilement et agréablement. Ainsi l'astre vivifiant de la nature roule dans le cercle des saisons , passe d'un pavillon céleste à l'autre , en reprenant et perdant successivement sa force , son éclat et sa splendeur.

Soleil régulateur des saisons , emblême auguste du suprême régulateur de l'univers , c'est de tes bénignes influences que dépend ce luxe floral , cette pompe végétale , cette sécrétion affluente de miel , la multiplication de nos essaims , la richesse de nos ruches ! Rends , par tes douces irradiations , les fleurs et les abeilles toujours plus fécondes, et fais prospérer la culture de nos ruchers. Vivent les ruches et le miel.

Ruchicole. Les abeilles pouvant être considérées sous trois rapports différens, d'après la distinction lumineuse qui vient d'en être faite par le savant Arâtre ; et la carrière étant trop vaste pour être parcourue toute entière par un seul athlète ; je me borne à considérer l'objet de la discussion sous le premier rapport principalement ; laissant à chacun de mes honorables concurrens les deux autres rapports. Trop heureux, si mes foibles moyens peuvent fournir à la tâche pénible que je m'impose de traiter du régime et de l'administration de l'économie rucherale, partie descriptive et didactique aussi sèche qu'utile !

Observateurs de la symétrie et de la régularité , rivaux du génie même de l'architecture , vous exigez , ingénieux insectes, de quelques substances que soient construites vos ruches, soit de bois, d'oseille , de paille ou de verre , qu'elles aient la forme régulière, ou d'un parallélipipède creux , ou d'un cylindre, fermés d'un couvercle mastiqué, surmontés d'un chapiteau de paille pyramidal ou conique : vous exigez que le corps de la ruche ait environ un pied de hauteur, et à peu près autant de diamètre ; ou mieux encore , adoptant la dernière forme plus favorable , vous pré-férez que la ruche soit composée dans sa hauteur de plusieurs hausses horizontales ou zones de paille , au nombre de trois ordinairement , plus ou moins selon le besoin croissant ou décroissant de la ruche, relatif à la quantité des abeilles et des gâteaux ; ayant chacune un cercle de bois pour fond , percé de plu-sieurs grands trous, à partir de son centre, permettant aux rayons de s'étendre d'une hausse à l'autre ; outre un grand nombre de petits trous, servant d'issue aux abeilles : la dernière hausse seulement ayant un couvercle coeffé d'un chapiteau de paille aussi.

Insectes délicats, vous craignez la froidure ; vous aimez l'exposition des ruches vers le levant, inclinant vers le midi ; vous aimez également, selon que le climat habité est chaud ou froid, que les ruchers, enceintes des ruches, remparts de leur clôture, soient en plein vent ou à couvert ; à l'abri, dans le premier cas, d'une chaleur soffocante, sauf à donner à chaque ruche, en hiver, un surtout fourré de paille ; et dans le second cas, vous aimez qu'ils soient plus ou moins fermés à volonté, leur suffisant de la circulation de l'air : ce qui rend ces derniers ruchers bien préférables, tant pour garantir les ruches des irruptions dévastatrices et des déprédations des frelons, guêpes, renards, souris, mulots, escargots, oiseaux, scarabés, areignées, teignes et autres insectes leurs ennemis, ou friands de leur miel, que pour les mettre à couvert des injures de l'air, des brouillards, de la pluie, de la neige et des frimats.

Votre fécondité, votre activité si laborieuse ne tardant pas d'encombrer les ruches d'une population exubérante et d'une surcharge de rayons ruisselans d'un nectar doré ; on vous voit, dans la riche saison des fleurs, abandonner la mère-ruche, la mère-patrie, aller par essaims fonder des colonies, chercher à cet effet quelque retraite paisible, et cachée à la rapacité des frelons et autres ennemis, les creux secrets des arbres, des murailles ; et sensible à l'hospitalité, accepter de préférence la nouvelle ruche officieuse que vous offre celui qui vous avoit prêté couvert ailleurs, et par reconnoissance, permettre que la taille dépouille les ruches du superflu de vos richesses.

Ne vous exposant à émigrer jamais par un temps couvert, sombre, brumeux, c'est dans le mois de Mai que votre émigration a lieu, se prolongeant jusques au 15 Juin dans nos climats ; mais quand le Printemps est arriéré, elle ne commence que vers le premier Juin, se prolongeant jusques au premier Juillet. Plus tard, le règne des fleurs passé, insectes industrieux tout occupés de la fécondité de la reine, les matériaux vous manqueroient pour construire votre édifice ainsi que pour vos provisions de miel.

Semblable au bruissement que font entendre de nombreuses troupes rassemblées, au moment qui précède leur départ, lorsque leur chef leur intime l'ordre, tel est le bourdonnement sourd, intérieur qu'une oreille perçoit, en s'approchant d'une ruche au milieu duquel elle distingue un son aigu, lorsqu'un essaim est sur le point de partir, qu'il en reçoit l'invitation ou l'injonction de quelque chef ou reine-abeille-mère.

C'est ordinairement à l'heure la plus chaude après midi, et par un temps de chaleur de sud suffocante, faisant suer le tablier des ruches, et quelquefois par un temps d'orage, que s'exécute cette partance.

On a déjà vu un grand nombre d'abeilles mâles en dehors de la ruche, lorsqu'on en voit sortir enfin qui, se retournant, et après s'être balancées, s'élèvent comme pour donner le signal. Aussitôt le bataillon ailé émigrant s'élance hors la ruche à la suite des autres, bourdonnant d'une manière extraordinaire se faisant apercevoir dans les plaines de l'air à une certaine distance, et la reine-abeille accompagnée d'une nombreuse escorte formant l'arriére-garde d'ordinaire, ne tarde pas à se réunir à sa troupe. Son absence feroit bientôt rentrer l'essaim dans la mère-ruche pour n'en sortir que quelques jours après avec elle ; où , ayant déjà pris possession de territoire , il ne cesseroit d'être dans le trouble , le désordre et l'agitation , jusques à ce qu'elle lui fut rendue ; ce qui doit engager lorsqu'on s'en aperçoit de suivre sa trace , à partir du lieu de départ , de crainte qu'il ne lui soit arrivé quelque accident et à la rechercher jusques à ce qu'on l'ait trouvée , que l'on s'en soit saisi et qu'on l'ait réunie à sa tribu , où pour lors tout rentre dans l'ordre.

Il arrive souvent avant le départ de l'essaim que des abeilles messagères sont chargées d'aller reconnoître le pays quelques jours à l'avance , et selon l'observation de Knight , qu'elles vont même visiter parfois les établissemens voisins , y rester quelques jours , et d'après leur rapport , s'ensuivre bientôt le départ des essaims entiers ; et d'après le même observateur, se rendre dans une de ces ruches , y rester quelques jours, mais après survenir rupture , sédition , provocation au dehors , grand choc , grand combat entre cet essaim et ceux de la ruche qui lui avoit prêté l'hospitalité , et selon l'issue du combat, céder ou s'emparer de la place en chassant les autres.

Qu'une ruche préparée aussitôt que l'essaim s'est fixé ou sur une branche d'arbre , ou sur un buisson , ou à terre , ce qui ne tarde pas , soit de lui-même, soit provoqué par quelque explosion bruyante , ou l'aspersion d'une poignée de poussière , invite et recueille cette colonie, qui sous vos auspices , ira fonder de nouveaux états près de la ruche-mère ou ailleurs , ou faire partie de quelque autre, pas assez peuplée , gratifié du droit de cité.

Car la population d'une ruche trop forte ou trop foible , se prête assez à la réduction comme au ren=

fort par une sorte de transvasement d'une partie des ruches , opéré ordinairement en échangeant dans les ruches communes , ou ordinaires , le couvert , celui plein d'une ruche trop forte avec celui d'une qui ne l'est pas suffisamment : ou mieux avec un couvercle vide ; ou dans les ruches à hausses , en ajoutant une ou deux hausses : tout comme elle se prête à passer en entier d'une ruche dans une autre, mises en contact et communication , en ôtant seulement le couvercle de l'une , et par divers procédés, ajoutons, qui se réduisent, ou à frapper, ou à fumiger l'une ou l'autre des ruches , la plus convenable à cet effet.

On peut estimer une forte population à quarante-cinq mille abeilles , et une foible à quinze mille ; d'où résulte qu'une forte peut fournir trois essaims. Le poids seul, en soulevant une ruche, peut faire évaluer sa force ; outre le poids, le son étouffé , et à diverses reprises, ou clair et cessant aussitôt, qui résulte du bourdonnement, provoqué par un petit coup sur la ruche , avec la jointure des phalanges des doigts, annonce une riche ruche et très-peuplée dans le premier cas, et foible et peu populeuse dans le dernier cas.

Hors pareil cas de réunion des essaims , loin de favoriser la réunion des essaims , il faut les empêcher de se joindre et les séparer , soit qu'ils émigrent en même temps , comme cela a souvent lieu , ou l'un après l'autre , ce qui est plus ordinaire ; observer même quoique séparés de ruches, d'éloigner d'aspect entr'elles les ruches, afin d'éviter les inconvéniens d'une réunion , pouvant en résulter quelquefois des guerres intestines, suscitées par des partis formés en faveur de différentes reines , à ne se terminer que par la défaite, la ruine de l'un ou de l'autre

Insectes actifs laborieux, prévoyans, vous craignez la disette ; on vous voit dans les mois de Juillet et d'Août, massacrer sans pitié, faire main-basse sur les faux-bourdons, jusques à ce qu'il n'en existe pas un : ce que l'on observe pendant quatre ou cinq jours dans les mois de Juillet et Août, et quelquefois un mois plutôt dans les ruches foibles, ne donnant aucun espoir d'essaimer; et faire de vos ruches comme un champ de bataille qui se jonche de morts, lorsque un ennemi plus puissant, craignant la famine ou la disette, se jette sur le plus foible et l'extermine, et se débarrasse par là des bouches inutiles.

Susceptible de découragement pour le travail, quelque laborieuses qu'elles soient, les abeilles, faisons-nous une loi de ne les pas troubler dans leurs fonctions, usons même de tous les ménagemens dans la dépouille, dans la taille des ruches. Aussi devons-nous, lorsqu'on s'aperçoit de quelque mouvement intérieur, de quelque agitation dans une ruche, et que la tranquillité règne dans les ruches voisines, et lorsque les abeilles-ouvrières ne prennent plus la peine de défendre le territoire, la patrie, et enfin qu'on s'aperçoit de bris et de fraction dans les rayons, de pulvérisation de cire, dispersée sur le tablier des ruches, effets ordinaires qui suivent la mort de la reine-abeille, qui a lieu ordinairement pendant le mois de Septembre, quoiqu'elles vivent ou puissent vivre pendant sept ans ; s'empresser de leur en donner une autre, ce qui ne manque pas d'appeler et de rétablir les relations sociales avec l'ordre premier et l'harmonie, et la reprise du travail ? tant l'influence du monarque dans la cité est puissante.

Quant à la taille des ruches, que de considérations

à faire et de choses importantes à dire n'y auroit-il pas ! qu'il me suffise d'observer pour y procéder qu'il faut que l'essaim soit nombreux , d'une grande activité pour le travail , que la ruche soit pleine de cire et de miel , que l'on soit vers le milieu de Juillet , et que la saison soit favorable pour réparer les brêches, pouvant y avoir à craindre alors d'endommager le couvain , et plus tard que la récolte de miel et de cire ne fut terminée ; qu'il faut savoir distinguer les gâteaux qui contiennent le miel de ceux qui renferment le couvain, ces derniers étant placés, d'après l'observation de l'abbé Rosier, sur le devant de la ruche , pour être davantage imprégn's des douces irradiations de l'astre vivifiant de la lumière ; connoître les gâteaux où sont les nymphes, reconnoissables à la convexité et couleur brune des couvercles de leurs cellules , au lieu d'être plats et blanchâtres comme ceux des cellules à miel ; savoir choisir le jour opportun ; se garantir à la faveur de gans , de masque et de botines , des traits acérés et envenimés des abeilles qui ne se laisseroient pas chasser impunément de leur habitation , et savoir, grand-prêtre d'Aristée , la torche fumeuse d'une main et le couteau sacrificateur de l'autre , châtrer et enlever avec dextérité des rayons de cire et de miel , décimer les ruches , s'approprier une partie de leurs richesses: opération où l'on fait concourir le transvasement des essaims d'une ruche dans une autre, à l'égard des ruches communes, et le transvasement de hausse en hausse surajoutée , et remplacée successivement , dans les ruches de ce genre.

Ce travail terminé , la carrière laborieuse des abeilles , comme la mienne , touche à sa fin. Frileuses et délicates , il convient dès les premières gelées ou froids rigoureux , de les condamner à la clôture afin qu'elles ne cèdent pas à la tentation de braver le danger qu'elles pourroient encourir , de fermer les ouvertures de leur petit manoir , laissant toutefois circuler l'air intérieurement , pour chasser les vapeurs de la ruche , et l'air vicié par l'entassement des abeilles , et n'y regarder que de temps en temps pour s'assurer si quelque larron , quelque ennemi ne s'est pas introduit secrètement dans la place, et renvoyant à y regarder vers la fin de la mauvaise saison , pour inspecter si les provisions consommées, n'en exigent pas, à la sortie de leur hivernation, de leur engourdissement plus ou moins considérable, qui se prolonge plus ou moins , selon la rigueur de la saison , laquelle ne peut leur permettre d'excursions seulement que quand les feux du soleil ranimés sous le signe du belier ont radouci l'air et vivifié la flamme vitale.

Il ne me reste , ô céleste Aristée , protecteur de nos ruches, que d'invoquer tes bénignes influences (1) pour

---

(1) La première maladie , due à une tumeur qui croît au bout des antennes est attribuée à leur inactivité ; et on la guérit en leur exposant un sirop , composé de vin vieux , de miel et de sucre. La deuxième paroit produite ou par la privation de la cire , qui les réduit quelquefois , au sortir de la mauvaise saison , à ne se nourrir que du premier miel , trop laxatif ; plutôt que par la fleur du tilleul et de l'orme , comme quelques-uns le croient ; et ne se guérit que par une exposition d'urine dans de petits baquets , placés dans les environs , ou de sel sur la tablette des ruches. La troisième , le faux couvain, contagion redoutable pour les ruches, est due à une mauvaise nourriture fournie par les abeilles ouvrières et ne se guérit qu'en enlevant des ruches le faux couvain.

la prospérité de nos ruches; écartes-en les vapeurs fuligineuses, et toutes les mauvaises odeurs ; préserve les abeilles de la maladie des antennes, de la dyssenterie et du faux couvain. Puissent les plantes, les fleurs fournir abondamment à nos abeilles, ici leur récolte de cire et de glu pour les enduits, le calfeutrage des parois de leurs édifices et la charpente de leurs précieux rayons ; là le nectar éthéré du miel pour leur nourriture, leurs provisions et les nôtres; et enfin la poussière des anthères pour la pâture plus ou moins consistante des nourrissons ! Fais qu'elles n'approchent que des plantes les plus suaves, les plus odorantes, qu'elles nous donnent un miel exquis et parfumé, le disputant au miel du mont Imette, au miel de Sicile, au miel de Corbières ! éloignez-les de ces plantes vireuses ou âcres, et de toutes celles qui peuvent altérer la suavité et la bonne qualité du miel, et leur communiquer des vertus délétères ! Ma reconnoissance comme mon attachement seront sans bornes. Vivent les ruches et le miel !

Estelle. Bergers et bergères, célébrons, célébrons le talent de Ruchicole ; il est digne de son nom et de sa célébrité. Qu'une bergère aimable et douce comme le miel, en soit le digne prix et la récompense.

De Hauteterre. O merveilleux insecte, que pourrois-je dire d'intéressant touchant ton histoire et tes mœurs, après tout ce qu'a dit d'utile et d'intéressant, en parlant de l'administration des ruches, mon honorable concurrent. Ruchicole ; je crains bien que, nouveau frelon, je ne sois un peu obligé de butiner dans sa ruche.

Insecte précieux, admirable, il me faudroit le crayon, le pinceau de Virgile, de Réaumur, de Buffon ou de Bonnet, pour bien faire ton portrait.

Parmi trois ou quatre variétés d'abeilles plus ou moins brunes ou grises, et plus ou moins grosses ou petites, il en est une d'un jaune aurore, luisant et poli, d'une grosseur moyenne, plus féconde et plus laborieuse, que l'on préfère à l'exclusion des autres. Au sortir de l'état de nymphe, et même quelque temps après ayant les anneaux bruns et les poils du corps blancs; elle paroît d'abord grise; mais avec l'âge ses anneaux devenant moins bruns et ses poils se dorant, elle se montre sous la couleur dépeinte. Ces diverses phases de couleur servent à peu près de signes indicateurs de son âge.

Les individus, dans chaque variété, à part quelques différences, qui signalent la diversité de sexe, présentent tous une forme et un figure semblables; un corps divisé par deux étranglemens, qui séparent la tête, la poitrine et le ventre :

La tête armée de deux mâchoires ou serres mobiles, servant de main pour recueillir la cire et la pâtrir; et d'une trompe, pièce cylindrique, composée de plusieurs pièces articulées entre elles, longue, mobile, délicate, rétractile, pliable comme à charnière, munie de quatre écailles, formant double étui à sa base; à la faveur de laquelle l'abeille va puiser dans le sein des corolles des fleurs, le suc nectarifère que sécrètent certaines glandes;

Le corselet où sont attachées quatre ailes, dont deux grandes et deux petites, servant de renfort aux premières, au moyen desquelles les abeilles se transportent plus ou moins loin à travers les airs, pour chercher pâture, et faire des provisions pour elles et celles chargées d'autres fonctions, enfin pour les besoins de la communauté, où elles vivent entre elles; corselet encore où sont attachées six pattes

C

armées de deux ongles crochus à leurs extrémités, appuyés chacun sur un petit corps spongieux ; à la faveur desquelles elles peuvent se cramponer et adoucir leur marche, selon le besoin ; les deux dernières pattes ayant une cavité triangulaire pour recevoir les molécules de cire ou les poussières des étamines qu'elles enlèvent aux fleurs, aux plantes et que les autres pattes leur font passer comme de main en main ;

Le ventre distingué en six anneaux mobiles, les uns sur les autres, renfermant les intestins, une vésicule ou réservoir pour le miel, susceptible de dilatation et de contraction, communiquant avec la trompe; à la faveur de laquelle vésicule, après avoir pompé le nectar des fleurs, elles vont le dégorger dans les réservoirs cellulaires qui lui sont destinés pour servir à la mense commune.

La plupart enfin ont un aiguillon composé de trois pièces, savoir, de deux dards meurtriers, hérissés de petites barbes poignantes, et d'un étui les renfermant, terminé par une pointe fine ; à l'aide duquel aiguillon, l'abeille irascible, tout en faisant jouer son poignard, éjacule dans la plaie une humeur caustique, brulante, vénéneuse, récelée dans un réservoir intérieur; d'où résulte des inflammations locales, avec enflure plus ou moins fâcheuse, quand l'aiguillon rompu reste enfoncé dans la blessure.

On distingue, dans toutes les ruches, les abeilles en mâles, dits faux-bourdons, femelles et neutres, ou sans sexe, dites ouvrières, chacune ayant des emplois divers pour l'intérêt commun de la société :

Les mâles plus gros que les neutres, mais moins gros que les femelles, dépourvus d'aiguillon; destinés à la fécondation de la mère-abeille, d'après Réaumur, mais plus vraisemblablement à la fécondation des œufs, d'après Bonnet, et occupés sans cesse, courtisans respectueux et officieux, à mériter ses bonnes grâces ; mais ne devant conserver l'existence que jusques passé l'époque de la fécondation, ne pouvant être après d'aucune utilité à l'état, ne contribuant en rien à la subsistance de ses membres, ni à la récolte de miel ; bouches parasites, citoyens à charge à la société, ils sont destinés à être immolés au salut de l'état par les ouvrières, qui ont un aiguillon, malgré la bienveillance et la sympathie qu'elles peuvent leur porter, dèsque la reine-abeille en donnera l'ordre :

Les femelles dont la nature est très-avare n'y en ayant jamais tout au plus que 3 ou 4 dans une ruche très-peuplée, dont une seule est reine absolue, et chargée de la propagation de l'espèce, les autres étant destinées à aller fonder et régir d'autres états ; plus grosses et plus longues que toutes les autres, les abeilles-mères ou reines ont un aiguillon plus vigoureux; toujours fécondes et d'une fécondité inépuisable, donnant l'être chaque année à 7 ou 8000 individus sans péut-être jamais cesser d'être vierges ; mères ou pouvant l'être de toutes les abeilles, qui peuplent la ruche, elles ne voient que des sujets soumis, fidèles et dévoués, qui à l'envi leur rendent leurs hommages, qui tiennent à grande faveur ses caresses maternelles, un baiser de la trompe, un applaudissement d'aîles, qui au moindre signe les voient tous empressés à les servir, mâles et ouvrières, à remplir leurs désirs et leur en témoigner de la reconnoissance par des bourdonnemens de joie et d'alégresse.

Les neutres, ou ouvrières, les plus petits de toutes les abeilles, armés d'un aiguillon plus petit

que celui de la reine ; plus courts aussi, composant
la masse du peuple ailé ; leur nombre parrapport aux
mâles étant comm 8000 à 100, sont chargés, non-seulement de tout le poids et la charge des occupations
et du travail ; du soin de l'éducation de la progéniture
depuis l'instant de la ponte et fécondation des œufs,
jusques à celui de la dernière métamorphose, où de
ver ils passent à l'état de mouche, de la récolte de cire,
de propolis, de glu ; de la construction des cellules pour
les femelles, les mâles, les neutres ; des réservoirs pour
la cire, pour le miel, les rayons, mais encore de l'appro-
visionnement de miel, de poussière des anthères,
enfin de tous les besoins de la cité. Tout roule sur
elles, sans cesse en activité dedans, dehors, elles
sont les chevilles-ouvrières de la machine politique
que l'influence d'une seule reine dirige, que l'intérêt
commun maintient dans un parfait équilibre, mais
dont la mort du chef arrête et détruit l'harmonie.

A peine morte la reine, tous les ressorts se relâ-
chent, tout se désorganise, toutes les occupations
sont suspendues ; le deuil, la consternation s'emparent
de tous les sujets. Mais, au plus morne silence, suc-
cède bientôt l'agitation, le trouble ; des bourdonnemens séditieux se font entendre, divers partis se
forment, chacun se choisit une jeune reine, et s'il y
a des secousses dans la ruche, on se provoque dehors,
on se rassemble de part et d'autre, on se choque,
on se heurte ; l'air en paroît agité, et frémir des
bourdonnemens furieux ; le plus grand acharnement
se fait remarquer, la rage est à son comble ; il
faut vaincre ou mourir : on s'entre-poignarde à
coups redoublés ; une nuée de morts et de blessés,
est précipitée du haut des airs sur la terre, l'air
emporte au loin les débris de leurs ailes, en plus

grand nombre, que ne sont dispersées, à la fin de l'automne, les feuilles flétries des arbres, lorsqu'une violente tempête les leur arrache ; et l'action ne cesse que par le massacre, la défaite complète d'un parti, ou lorsque le plus maltraité, forcé de céder, sonne la retraite, et que le vainqueur peut rentrer dans la cité pour rendre ses hommages à la nouvelle souveraine.

S'il n'existoit aucune femelle pour prendre les rênes, le désordre interne ne pourroit également cesser qu'en se hâtant de leur en procurer une. Dans l'un et l'autre cas, tout rentrant dans l'ordre, chacun s'empresse de se mettre à l'ouvrage, de réparer les brèches faites à l'édifice intérieurement, de reprendre ses occupations premières ; et le parti forcé va chercher à s'établir ailleurs, à fonder d'autres états avec sa reine ; car, sa reine morte, on le verroit rentrer et personne ne s'y opposer.

Réunies en société, les abeilles, comme plusieurs insectes de ce genre, dans la classe des hyménoptères, forment, non pas une république, mais une véritable monarchie ayant à sa tête une reine, à qui sont décernés les honneurs de la royauté. La nature, en donnant à ces états pour chef une femelle au lieu d'un mâle, a voulu sans doute relever la dignité du sexe, et prouver que, chez les divers animaux, la femelle n'est pas dépourvue des qualités requises pour régner.

Sous quelque rapport que l'on considère cet admirable insecte, il inspire toute sorte d'intérêt. Actif, laborieux, prévoyant, sociable, tout dévoué à l'intérêt public, ayant pour sa souveraine un attachement, une fidélité, une soumission exemplaires ; toutes ces qualités font admirer leurs mœurs.

O puisses-tu, insecte précieux, ne jamais souffrir de la disette et du temps ! trouver par-tout, et à portée au moins des prairies, des jardins, des vergers, des ruisseaux, de coteaux parfumés, des forêts, des bois et des montagnes, t'offrant de toutes parts les plus suaves et les plus odorantes fleurs, la mélisse, le thym, la lavande, la sariette et nos lys si parfumés ! et puisses-tu ne rencontrer jamais, les plantes âcres et vireuses, telles que la jusquiame, la ciguë, la morelle, l'ellébore, les thytimales ! Fuyez, fuyez ! insectes sans expérience, toutes les plantes à aspect sinistre, lorsque vous les rencontrerez ! autant les premières vous fournissent un nectar, un miel salutaire, autant les dernières vous donneroient un miel délétère et pernicieux pour nous.

Tel fut celui que les soldats de Xénophon trouvèrent dans la fameuse retraite des dix mille : à peine en eurent-ils mangé, que la terre fut jonchée de leurs corps frappés de stupeur et de somnolence ? puissiez-vous enfin, acceptant par-tout l'hospitalité que l'homme vous présente tout près de ses foyers et de ses Dieux pénates, nous enrichir de votre tribut de miel et de cire !

Que ne pourrois-je pas dire encore à votre louange, industrieux habitans des ruches, si je ne craignois d'empiéter sur la gloire réservée à l'honorable concurrent qui va nous parler de votre industrie et de votre instinct ! à lui-seul, héritier des connoissances d'Aristée, son patron, appartient d'ajouter à votre illustration.

Votre origine, sans être céleste, est liée à la gloire du divin Aristée. Par une faveur singulière des immortels, satisfaits de l'holocauste expiatoire du fils d'Apollon et de Cyrène, cause de la mort d'Eurydice , vous naquîtes de la fermentation des taureaux offerts en sacrifice ; et , si l'on pouvoit croire à la métempsycose , on croiroit que l'âme de la malheureuse Eurydice passa dans la mère-reine des abeilles , et que ses œufs auroient été fécondés par un reste de chaleur vitale , ou d'action du principe vital. Quoi qu'il en soit , on ne sauroit regarder que comme une faveur des cieux , votre existence et vos attributs célestes , qui font regorger de miel nos ruches. Vivent les ruches et le miel !

EGLÉ. Célébrons , bergères et bergers , les talens de l'honorable lutteur ; son esprit , son pinceau feroient revivre les abeilles.

ARISTÉE. O Virgile , Swammerdam , Réaumur , Bonnet , Pluche , Hunter , Reimar , Hubert , hommes illustres qui avez tous plus ou moins illustré le plus merveilleux des insectes, salut, honneur et gloire ! J'invoque vos lumières , votre talent et votre génie ! J'ai à parler de l'industrie et de l'instinct du plus intéressant des hyménoptères. Que de merveilles s'opèrent sous les voiles opaques des murs de leur habitation ! mais , à la faveur des ruches à parois de verre, la nature a permis au génie de l'homme de pénétrer dans l'intérieur de ce laboratoire , où son influence , s'exerce sur leur industrie et leur instinct.

L'édification de l'intérieur d'une ruche , l'ordre de son architecture , les divers compartimens dont sont composés les rayons, la régularité , la symétrie que l'on y observe , les diverses fonctions auxquelles on y voit vaquer les abeilles , leur activité , les travaux des unes et des autres , cette population immense et laborieuse , qui fourmille sur tous les chantiers , circulant de cellule en cellule , d'étage en étage , la considération de toutes ces merveilles, offrant, en petit, le spectacle de la fondation d'une cité, est bien digne de la contemplation des philosophes, et fait bien admirer la suprême intelligence dans l'organisation, l'industrie et l'instinct de ces inté-ressans insectes.

Partons de la fondation d'une colonie de ce peuple ailé. Que l'on se représente des abeilles-ouvrières sortir de l'asile qu'elles se sont donné, ou qu'on leur a donné, se répandant dans les champs, vol-tiger de fleurs en fleurs, et tout en se repaissant de leur nectar, ici recueillir abandamment de la glu, retourner au logis, déposer leur charge, que d'autres reçoivent pour l'ordinaire à la porte, où elles se tien-nent pour les attendre, ou bien entrer, paîtrir de leurs serres, cette glu, et en enduire l'intérieur des parois de la ruche, en calfeutrer les trous, les fentes; là cueillir la cire dont elles ont besoin pour la charpente des cloisons perpendiculaires, partant du sommet et se prolongeant en bas, en s'élargissant comme font les faisceaux de lumière, ce qui leur a mérité le nom de rayons, toutes formées de com-partimens adossés les uns aux autres, de cellules les unes exagones et de diverses grandeurs, destinées à recevoir l'œuf que la mère abeille doit y déposer; les plus grandes pour les femelles, les plus petites pour les ouvrières, et les moyennes pour les mâles; d'autres ovales ou rondes, servant de réservoir pour le miel, ou de grenier pour les provisions de cire, et de propolis.

Que l'on se réprésente encore ces abeilles ouvrières ou d'autres de la même tribu s'éloigner de la ruche, butinant de fleurs en fleurs, se charger du pollen des étamines, le préparer par une sorte de digestion en l'imprégnant de quelque humeur secrétoire, pour la pâtée des petits nourrissons, et lui donnant plus ou moins de consistance l'approprier à l'âge plus ou moins avancé des embrions ou vers (1).

Que l'on suive ces autres abeilles voltigeant aussi de corolle en corolle, de fleur en fleur, sucer de leur trompe les pistils ou organes femelles de la fleur, et pui-

---

(1) D'après Réaumur, A. B Jussieu, le pollen est la matière primitive de la cire que les abeilles élaborent dans leur estomac. M. Della-Rocca pense que la cire est une substance étrangère au pollen des authères, ceuillie sur les boutons du thym, sur les petites tumeurs des feuilles et peut-être sur les bourgeons des peupliers, sur les extrémités des pins, qui fournissent au moins du propolis.

Il est aussi des naturalistes qui pensent que la matière de la cie recueillie par les abeilles ne passe pas dans leur estomac, qu'elle est fabriquée par la seule action de leur bouche et de leurs pattes.

D'après Fr. Huber le pollen des étamines ne fournit pas non plus la cire. Selon cet habile naturaliste, c'est la partie sucrée du miel qui met les abeilles en état de produire de la cire ; attendu que nourris avec du sucre et de la cassonnade ces insectes fournissent en abondance de la cire.

M. John Hunter a remarqué que la poussière des étamines que les abeilles charrient sur leurs cuisses ne sert point à la production de la cire, qu'elle est destinée à la nouriture des vers.

Th. A Knight paroît disposé à croire, d'après ses observations, que les abeilles la récoltent toute formée et qu'elles la déposent entre les écailles du ventre, dans le double but de la charrier commodément et de lui donner la température nécessaire pour son emploi : bien loin de la croire avec Hunter, une matière animale transudée entre les écailles du corps de l'insecte.

ser dans les nectaires leur liqueur mielleuse, et venir la dégorger dans les réservoirs qui lui sont destinés, en faire part en arrivant à celles qui sont chargées de l'intérieur de la ruche et du ménage, leur présenter leur trompe pour les inviter à suçotter.

Que l'on se représente intérieurement ici la reine, ou mère-abeille, se portant de cellule en cellule, les visitant, y introduisant sa tête inspectant leurs dimensions, puis entrant à reculons dans chacune, y déposer au fond l'espèce d'œuf qui lui convient, et le fixer avec une goutte visqueuse dans un angle. Que l'on se retrace aussi, là les mâles s'y introduire, les féconder dégorger dans chacune une lymphe, en enduire les parois ; et que l'on considère, les œufs à peine éclos, les abeilles ouvrières se partager la besogne, se porter avec une sollicitude et une activité étonnante de cellule en cellule, de barcelonnette en barcelonnette en quelque sorte, abéquer les tendres vers tous, bouche béante, leur proportionner la densité de la pâtée pendant une douzaine de jours, jusques au moment où s'appercevant qu'ils sont sur le point de passer à l'état de nymphe ; y déposer alors un peu de nourriture, en fermer et seller la porte avec une cloison de cire, afin que rien ne trouble, n'enraye leur dernière métamorphose, leur passage de l'état de nymphe à celui de papillon, dont les linéamens, aîles et pattes se laissent déjà apercevoir à travers le voile demi-transparent dont la nymphe naissante est affublée.

O merveille ! le moment arrivé, voyez l'insecte dilatant son enveloppe, son drap funéraire en quelque sorte qui l'envaloppoit, le coler à l'entour des parois de son sépulcre, dont l'épaisseur, la consistance va toujours croissant, chaque fois que quelque méta-

morphose s'opère ; en briser, avec ses dents, l'oper-
cule ou la porte, et sortir, se montrer à la lumière
du jour, étonné de son nouvel état, et les abeilles
ouvrières aussitôt accourir, essuyer, sécher ses
ailes, et lui présenter le nouvel aliment qui lui
est destiné, le nectar ambrosiaque des fleurs, que
l'instinct le porte aussitôt à se procurer, prenant
l'essor pour aller à sa recherche.

L'instinct, cette faculté commune à tous les animaux,
relative au bien-être, à la conservation et propagation de l'individu et de l'espèce, modifiée dans

------

(1) Les opinions sur l'instinct varient beaucoup, soit parmi
les anciens, soit parmi les modernes. Plus ou moins impar-
faites ou vagues, il seroit inutile de les énumérer ; en général,
et d'une manière abstraite, la plupart le considèrent plus
ou moins comme un penchant, une inclination naturelle
qui porte l'animal à faire et exécuter certaines choses. De
toutes, je ne citerai que l'opinion d'Herman Samuel Reimar
qui me paroit être celle qui a le plus approché de la vérité, et
celle du célèbre Cabanis.

Le premier divise l'instinct en instinct mécanique et en instinct représentatif et instinct spontané ; et celui-ci en instinct
universel, relatif à l'amour-propre et instinct particulier,
relatif aux passions et à l'industrie : division trop minutieuse
et trop scholastique qui sépare trop ce qui ne devroit pas l'être.

Le second considère l'instinct comme l'ensemble des déter-
minations de l'animal : définition trop abstraite et trop vague.

Je n'ai pas besoin de faire observer ici combien la distinction entre le principe vital et l'âme, reçue par la plupart des
physiologistes et médecins, que j'ai posée dans l'annonce analytique de mon ouvrage sur l'ontologie, auquel je travaille
depuis assez de temps, est naturelle et légitime. Mettant une
ligne de démarcation entre les deux principes, elle peut mettre
fin à toutes les comparaisons scandaleuses, comme je l'ai ob-

chacune, d'où résulte une propension, une aptitude à faire et exécuter diverses actions et opérations, plus ou moins industrieuses ou mentales, ayant pour cause-principe les lois primordiales de l'Auteur de la nature, et pour cause efficiente certain mécanisme animal, dépendant de l'organisation, et certaines affections du principe vital, tenant à ses modes, comme les perceptions simples, les idées sensitives et séminales, la mémoire, le jugement et la volition, plus ou moins impulsive ; modes passifs, bien différens des modes actifs de l'entendement ou de l'âme raisonnable, comme les idées intellectuelles, la réflexion, l'abstraction, le raisonnement, l'imagination et la volonté spontanée ou franc-arbitre : peut, considéré sous ce nouveau point de vue, faire concevoir la plupart des phénomènes plus ou moins étonnans de l'instinct des abeilles.

D'une part, l'organisation, de ces insectes privilégiés, est en rapport avec leurs moyens ; enrichie de divers attributs, d'ailes légères qui, dans un clin d'œil, les transportent à de grandes distances ; et par le

---

servé dans cette annonce entre l'âme et l'instinct : croyance de l'âme qui est la base la plus pure de toute moralité sociabilité et religiosité.

J'ai fait l'application de cette doctrine de l'instinct, dans l'ouvrage cité, à un grand nombre de phénomènes que nous présentent en histoire naturelle les animaux les plus industrieux

Deux fragmens de cet ouvrage que j'ai fait imprimer l'un sur les polypes et leur instinct, et l'autre sur les métamorphoses de la chenille du ver a soie en montrent déjà l'application, ainsi que cette dissertation sur les abeilles, encadrée et fondue dans cette scène pastorale.

bruissement ou bourdonnement, desquelles aîles, plus ou moins fort ou foible, varié, nuancé , ils se communiquent leurs affections , leurs désirs , leurs passions et s'entr'avertissent de leur départ , de leur arrivée, s'animent entre eux au travail et s'expriment enfin toutes leurs sensations ; langage naturel pour eux , langage de signes d'action qui leur tient lieu d'une langue parlée , articulée dans leur instinct borné , leurs besoins simples, physiques ; d'une paire de serres ou mâchoire qui faisant office de divers instrumens détachent la glu , la cire des plantes , la paîtrissent , l'étendent en lamelles , en enduisent avec leurs pattés les parois intérieures de leurs édifices ; morcellent l'autre en parties régulières pour la charpente des rayons , des cellules dont ils sont composés : d'un corps velu pour accrocher , envelopper la poussière des étamines , nourriture des embrions ; de diverses pattes, dont les dernières ont une cavité ; d'une trompe susceptible de s'étendre , propre à s'introduire dans les plus petites corolles de fleurs , pour y pomper autour des pistils et dans leurs nectaires la substance éthérée du miel ; un aiguillon enfin , arme défensive et offensive , selon l'occurrence , la chasse des larrons, des ennemis, leurs passions, leurs intérêts la défense de la patrie , de l'état, les ordres de leur souveraine ; leur organisation dis-je les rend aptes et propres à toutes les actions et opérations auxquelles ils se livrent.

D'autre part, les affections de leur principe vital les mettent en rapport avec leurs besoins ; riches de divers attributs, d'idées sensitives , de perceptions internes et externes , nées des impressions sur leurs organes, d'une mémoire sensitive, excitée par la coassociation des sensations, d'un jugement aussi sensitif ;

ou rapprochement et prépondérance de certaines sensations, d'une volonté plus ou moins impulsive, ou détermination mécanico - intuitive plus ou moins influencée par l'ignorance ou l'expérience ; d'idées séminales enfin, ou mode habituel d'affections, acquis ou héréditaire, source des dispositions naturelles, des talens innés ; ces affections, dis-je, de leur principe vital deviennent excitatrices, régulatrices de tous leurs besoins, de toutes leurs actions, et de toutes leurs opérations. Par une conséquence analytique, leurs moyens et leurs besoins étant aussi en rapport avec l'instinct, l'instinct doit changer chez eux, comme leurs moyens et leurs besoins ; et de là les diverses phases de leur instinct.

Le développement successif de leurs divers modes d'être, de l'état de ver à celui de nymphe et de papillon parfait, en introduisant des changemens dans leur organisation et les affections de leur principe vital, produit des modifications dans leur instinct ainsi que d'autres moyens et d'autres besoins pour eux. Delà la succession des phénomènes que présentent les diverses phases de leurs révolutions ou métamorphoses.

La prodigieuse fécondité des abeilles-mères, si peu multipliées, le besoin assidu des mâles, en si petit nombre pour la fécondation des œufs, tout le temps de la ponte de la mère - abeille ; les soins multipliés et assidus que réclame une immense progéniture, le besoin parconséquent d'un grand nombre de nourrices officieuses, laborieuses, actives uniquement occupées de pourvoir à tous les besoins, les services que peuvent rendre à cet égard les abeilles-ouvrières en si grand nombre ; la nécessité de construire un édifice approprié, convenable pour

colloquer, héberger, les abeilles, les embrions, faire
les approvisonnemens nécessaires en matériaux, et
comestibles, qui se réduisent à la poussière des
étamines pour les nourrissons et au miel pour les
adultes, et qui ne peuvent être récoltés que pendant la
saison fugitive des fleurs ; l'excessive délicatesse des
abeilles pour le mauvais temps, le froid, la pluie,
le vent, qui ne leur permet pas de sortir une grande
partie de l'année ; les services réciproques qu'elles
peuvent se rendre ; en un mot, la dépendance mutuelle
entr'elles : tout ne peut que leur faire éprouver des
affections sociales et les réunir en société.

Un sentiment de convenance et de prévoyance
naturel, et relatif dans tous les animaux (1), plus
ou moins à leur bien-être et à celui de leur espèce
ou progéniture, dû à certaines perceptions obscures
à des idées séminales, à des dispositions innées du
principe vital, se joignant aux moyens et besoins
des abeilles ; il doit en résulter entre elles une subor-
dination, une répartition des emplois, des offices, au
dedans et au dehors de la ruche, et cette industrie

---

(1) Ainsi que l'on voit le formicaléo architecte et géomettre,
après avoir choisi un endroit sabloneux pour établir son domicile,
à l'abri de la pluie, au pied d'un mur ou d'un arbre exposé au
soleil, tracer géométriquement, d'après le dessin de son corps
conique, tracer, en s'enfonçant à reculons dans le sable, par le
mécanisme admirable de sa queue pyrouetante, et excavant le
sable, une série concentrique de cercles en progression décrois-
sante et jusques au point où la profondeur de la cavité égale le
diamètre du premier cercle ; d'où résulte une cavité conique,
renversée, un goufre à bords et parois croulans qui entrainent
peu à peu les insectes imprudens qui en approchent, devenans
la proie du formicaléo.

cet instinct admirable, merveilleux qu'elles déploient dans la construction régulière et symétrique de leurs édifices, de leurs rayons, si artisés, de leurs diverses cellules ; dans l'éducation des embrions, enfin dans le régime social de leur gouvernement, qui attache ici et soumet les abeilles à leur reine, comme à une mère de famille, le plus utile de tous les individus ; mais qui leur fait proscrire les mâles à une certaine époque, à l'approche de la saison disetteuse, comme des sujets onéreux à la société, des bouches parasites, qui consommeroient les provisions amassées à grands frais et grandes fatigues par les ouvrières.

L'instinct des autres animaux qui est plus ou moins étendu selon les circonstances organiques ; leurs moyens, leurs besoins, l'état d'isolément ou de société, où ils vivent, enfin les causes finales que l'on ne sauroit toujours approfondir, à moins de vouloir approfondir l'abyme sans fond de l'intelligence suprême, te cède la première place, ô le plus admirable des insectes !

Mais l'état social, où vivent les abeilles, ne sauroit perfectionner leur instinct, non plus que celui de tous les autres animaux, dépourvus d'intelligence et de raison ; car les abeilles, comme les singes, comme les castors, comme les fourmis, ne montrent aucun perfectionnement dans leur industrie, et leur résultat. Non perfectibles, elles sont et seront ce qu'ont toujours été les premières abeilles ; mais leur état social, leur rapprochement ne peut que donner plus d'énergie et d'activité à leur instinct, d'après les affections communes qu'elles se partagent, leurs rapports organiques, la force d'imitation, l'exemple, le parallélisme, la sinergie, l'harmonie, l'impulsion simultanée des mouvemens ; mais cet instinct, en dernière analyse, n'est que le résultat de quelques perceptions , de quelques idées sensitives , mémoratives, comparatives, et d'une volition plus ou moins impulsive (1), modes ou attributs du principe vital, où l'intelligence , la réflexion, le raisonnement, la volonté libre ne sauroient entrer pour rien , et des rapports organiques (2).

Mais , quel que obscures que soient les perceptions des abeilles, quelque mécanico-aveugle que soit leur industrie , quelques aberrations , erreurs, défauts , écarts de symétrie que l'on observe dans la construction des rayons, de leurs alvéoles, en y regardant de près ; néanmoins le sentiment intime des convenances est tel, qu'on peut les voir, habiles géomètres, rectifier, régulariser, réparer leur ouvrage, (3) souvent ajouter après coup , pour retrancher de

---

(1) Ce que mon nouveau système de philosophie ontologique pourra mettre dans un plus grand jour.

(2) Voyez à cet égard mon ouvrage des mélanges de physiologie, de physique et de chimie , premier volume, Traité des rapports organiques.

(3) C'est à ce sentiment intime des convenances et des besoins faisant partie de l'instinct , qu'il faut rapporter ce que Roesel a observé dans la chenille-ours, lors de la formation de sa coque où doivent s'opérer ses métamorphoses : laqu'elle se hâtoit de boucher les ouvertures toutes les fois qu'il se permettoit exp ès d'en faire à l'enveloppe extérieure de la coque , qui est plus spacieuse, pour voir ce qui en résulteroit.

C'est à ce même sentiment des convenances que se rapporte aussi l'observation de Réaumur, relative à la réparation que faisoient de leurs nids de mousse les bourdons , toutes les fois qu'il se faisoit un jeu d'en disperser les matériaux.

Ces sentimens sont d'autant plus énergiques dans les insectes que leurs moyens sont plus restreints, ce qui les porte à mettre dans la construction de leurs asiles une symétrie toujours en rapport avec leurs moyens et leurs besoins comme le formicaléo,

D

matière aux alvéoles , les agrandir , les rétrécir, en modifier les formes , leur donner plus ou moins de consistance , de régularité.

Les idées séminales qui ne sont que certaines affections du principe vital , certaines modifications de l'être sensitif , *du sensorium commune* , héréditaires ou acquises , source principale des inclinations, des aptitudes particulières, des talens naturels, qui portent certains animaux à faire usage des organes qu'ils n'ont pas encore ; tels que le jeune mouton qui menace de la corne et le loup de la dent, avant leur dévelopement , leur apparition même; doivent jouer un grand rôle dans toutes les opérations de l'instinct.

Rien ne peut être comparé non-seulement à l'industrie et l'instinct des abeilles, mais encore à leurs résultats : que la chenille du ver à soie , sa rivale, dont j'ai fait l'éloge , et expliqué les métamorphoses , rende hommage en tout à ta supérioté , à ton industrie, à ton instinct, insecte privilégié. Dirois-je ton origine céleste ? Oui le génie de la création m'inspire ! Je vais dévoiler les circonstances qui t'ont donné naissance.

Jupiter , épris de la suavité , de la douceur de la Nymphe Mellé , fille de Flore, voulant faire violence à la Nymphe, malgré sa résistance, l'éloquence persuasive de ses refus et l'ascendant de la vertu : la Nymphe tout en pleurs se prosterne , implore le secours de Junon. La Déesse touchée de son état la métamorphose en une fleur qui porte son nom , et lui décerne la faculté , à elle et à tous les individus de l'empire de Flore , composant la famille des fleurs, de sécréter un nectar digne de la bouche des Dieux.

Jupiter courroucé contre la reine des Dieux et forcé d'abandonner prise , métamorphose soudain tous ses désirs, en papillons-abeilles, armés d'une trompe et d'un dard, voltigeant de fleurs en fleurs, suçant, pompant le divin nectar sécrété par des glandes appendices des organes sexuels des fleurs, humectant leurs pistils, et rassemblé dans le réservoir de leurs nectaires ; et par la faveur d'une si noble origine, insectes privilégiés, vous avez mérité d'être consacré aux rois des Dieux, et de décorer le manteau royal de Junon et de Jupiter.

O divin Aristée ! protecteur des abeilles et des ruches, sois favorable à la multiplication de nos essaims, à la prospérité de nos ruches, à la quantité de nos miels ! Fais ruisseler les rayons dans tous nos ruchers par des saisons appropriées ! Que toujours recueilli sur les plantes odoriférantes de nos coteaux, sur les lys dont nous aimons à décorer nos jardins, emblème majestueux de l'empire des Bourbons et de la France que nous avons tant célébré (1). Il nous présente cette suavité ambrosiaque des miels du mont Imette de la Sicile, des Gaules Narbonaises ou du Roussillon et du Gâtinois au moins. Vive le miel et les ruches !

Cyprine. Célébrons, célébrons, bergers et bergères, les talens aimables et distingués du protégé du fils d'Apollon et de Cyprine. Puissé-je voir mettre le comble à son bonheur ! lui rendre un père et lui faire trouver une épouse digne de lui !

Aratre. Je suis ravi de contentement, Ruchicole, De Hauteterre, Aristée, de tout ce que vous venez de déployer de talent, de lumières et de science à

---

(1) Voyez une des scènes pastorales de l'auteur, intitulée : Le retour de l'empire des Bourbons et des lys en France.

l'égard des abeilles. On ne sauroit mieux décrire et dépeindre avec plus d'exactitude , de vérité et de couleur , tout ce qui a trait à ces merveilleux insectes. Il n'est aucun de vous qui ne vienne de s'illustrer et d'attacher un rayon de gloire aux rayons dorés de miel, que nous fournit l'insecte de Jupiter. Le faisceau qui résulte de vos lumières réunies ne peut qu'éclairer du plus grand jour un objet qui tient autant à l'histoire naturelle qu'à l'agronomie. Vos noms indissolublement unis par cette lutte, faisant époque dans nos contrées , mériteroient d'être gravés sur toutes les ruches, ou sur le frontispice de tous les ruchers, pour être transmis d'âge en âge chez tous les partisans de la richesse des ruches , le miel et la cire.

Il me seroit infiniment agréable d'avoir à couronner trois agronomes-bergers , presque également distingués par leurs connoissances sur les abeilles ou les ruches ; mais la loi que nous nous sommes imposée de ne décerner le prix qu'à un seul lutteur me fait un devoir d'en honorer Aristée.

Je ne doute pas qu'en recevant le chalumeau d'Agrostème , il n'en soutienne l'éclat ; que les sons harmonieux qu'il lui fera rendre ne propagent la renommée et la célébrité de cet instrument, et qu'il ne le considère comme un précieux don, digne d'être transmis en héritage dans sa famille.

Célébrez, célébrez, bergères et bergers, la gloire du vainqueur. Fanfare.

Aratre *se levant l'embrasse amicalement.*

De Hauteterre *à Aristée.* Je vous estime trop pour être jaloux , et ne pas convenir que vous le méritez. Je vous fais mon compliment.

Aristée , *en lui prenant la main et la pressant*

contre son cœur. Je n'aspirois pas à ce triomphe.

Dr Hauteterre. Je vous entends , ne désespérez pas.

Eglé. J'en ai trop de plaisir pour ne pas vous donner un baiser d'amitié pastorale , avec la permission d'Aratre.

De Hauteterre. Allons , ma fille , vous ne sauriez vous refuser..... L'amitié pastorale peut s'allier à la pudeur. Permettez à votre berger de vous embrasser.

Aristée. Je ne me serois pas attendu à ce bonheur ci !

Un des étrangers *qui n'a cessé de fixer Aristée pendant tout le temps de la séance prend la parole.* Nous vous devons des éloges bien mérités à tous , célèbres bergers ; dignes rivaux de lumières et de talens ; vous venez de traiter un objet d'agronomie avec toute la science, l'érudition et l'éclat de style que l'on peut y porter ; vous avez ajouté de nouvelles vues à la science , comme un nouvel intérêt à l'économie rucherale. On ne pouvoit mieux faire ressortir tous les avantages qui peuvent résulter de la culture des ruches, pour le bien de la ferme et celui de l'intérêt public.

Intéressant Aristée , en mon particulier , que je vous embrasse de satisfaction. *Attendri , il reprend la parole.* Votre nom et vos traits , mon cher , font sur moi une impression attendrissante dont je ne puis me séparer. Ce pourroit il ? *En le fixant.* Pardon ! J'ai quelque part dans vos contrées un objet chéri que je n'ai vu depuis sa naissance . et dont le souvenir me préoccupe ! Oui , plus je vous considère , mon ami, plus je me sens ému ! Excusez ma curiosité. Êtes-vous étranger ou de ce pays-ci?

Aristée. Je suis d'une autre contrée.

L'Etranger. Quelle est donc votre patrie et qui vous a donné l'être, mon cher?

D. Hauteterre, *Aristée rougissant et balançant à répondre.* Honnête étranger, Aristée pourra, dans un moment plus opportun, satisfaire à toutes vos questions, et répondre à l'intérêt que vous prenez pour lui. La bienveillance qu'il vous inspire, je la partage et vais lui en donner des preuves. Dès ce moment, je contribue à son bonheur; votre présence ajoutera de l'agrément et du plaisir à cette fête pastorale; non, je ne veux pas qu'elle se termine sans exécuter le dessein que j'ai formé à son insu, depuis quelque temps; quoi qu'il m'en coûte, il faut savoir s'affranchir des préjugés sociaux en faveur du mérite et de la vertu. Quels que soient les parens d'Aristée qu'il ne connoît pas, ni moi non plus, je lui donne, avec mon nom, la main de ma fille, dont il a déjà le cœur.

L'Etranger. Je vous sais bon gré de m'avoir fait sentir mon indiscrétion. C'est avec reconnoissance que nous participerons à votre fête des ruches et des cœurs.

De Hauteterre. *Aristée et Cyprine interdits n'osant l'interrompre.* Approchez, mes chers enfans, que je vous unisse. Je sens que mon bonheur désormais dépend du vôtre.

Cyprine et Aristée, *à chacun desquels il tend une main, qu'ils baisent, s'écrient ensemble :* ô Père chéri! notre amour filial et notre reconnoissance sont sans bornes.

De Hauteterre. Oui, je vous unis à jamais sous les auspices des immortels. Que l'Amour et l'Hyménée se partagent vos offrandes. Je dirai plus, sous les auspices de Mercure, ou plutôt de la Providence, qui a conduit parmi nous ces illustres étrangers pour être témoins de votre bonheur et du mien.

CYPRINE. O trop bon père ! Puissent les immortels que vous avez invoqués vous rendre long-temps témoin de la félicité de votre fille !

ARISTÉE. O le plus généreux des pères ! qu'il m'est doux de pouvoir vous appeler d'un nom que la nature marâtre, non moins que la fortune, n'a point voulu permettre à ma langue d'articuler, lorsque mon cœur en est sans cesse occupé. Mon devoir le plus sacré sera de vous en réitérer ma reconnoissance. Cyprine et moi ne nous croirons heureux que de votre contentement et de votre bonheur.

ARISTÉE. Chère adorable Cyprine aimons-nous comme on s'aimoit aux champs, aimons-nous comme s'aimoient nos pères, aimons-nous plus que d'heureux amans ; aimons nous comme nos tourterelles ! Rendons, rendons l'amour jaloux de l'hymenée ! Jamais d'humenr, point de nuage, toujours joyeux, contens, aimable et nombreux ménage: tels soient nos vœux, notre bonheur!

CYPRYNE à ARISTÉE. Désormais s'aimer et se le dire, s'aimer amans qui soupirent, s'aimer époux satisfaits, s'aimer en bergers de Lignon, s'aimer dans ses enfans, son ménage, s'aimer, s'aimer! quel bonheur! quelle félicité!

ARATRE. Puissent la considération et l'estime, non moins que l'amour et l'amitié resserrer sans cesse les tendres liens de l'union la plus aimable et la mieux assortie. Que semblable à celle de l'acanthe et du myrthe fleuris, et toujours verts, votre union conserve toujours sa fraîcheur et tous ses charmes.

ÉGLÉ. *Embrassant Cyprine.* Dans le mariage pour être heureux et s'aimer bien, que l'hymen sache souvent filer aux pieds des grâces, et que les grâces à leur tour, ni trop cruelles, ni trop sensibles sachent sourire et caresser l'hymen. Puisse votre union conjugale n'avoir pour vous que miel et que douceurs !

Estelle , *embrassant Cyprine.* De l'hymen on ne peut que chérir, fêter la douce chaîne, quand l'amour, la vertu et toutes les qualités aimables l'ont préparée. Que votre union soit aussi agréable pour vous que l'est pour les bergères celle de la suave violette et du lys si parfumé, de nos vallées !

Ruch. Qu'Aristée soit pour vous, Cyprine, ce que sont les abeilles pour les fleurs, tant aimées d'elles , et soyez pour Aristée ce que les prairies sont pour les abeilles !

L'Étranger , *à de Hauteterre.* Votre trait de grandeur d'âme et votre générosité, honorable berger, sont tout à la fois dignes de vous et du fils que vous venez d'adopter. Puissiez-vous. amans, époux fortunés, savourer toutes les douceurs qui accompagnent l'amour et l'hymen! Ce n'est pas pour cimenter votre union , mais comme témoignage du vif intérêt que je vous porte , que je vous prie d'agréer cette bague. Qu'elle soit pour vous un souvenir de l'heureuse circonstance qui nous a conduit ici ; *en la présentant à Cyprine; et se tournant vers Aristée :* Aimable jeune homme, comptez que vous avez fait une impression trop profonde sur moi pour que vous ne receviez bientôt de mes nouvelles. *Apercevant un, médaillon avec son portrait, suspendu à une chaîne d'or sur le sein d'Aristée , lequel s'inclinoit pour le remercier :* qu'aperçois-je ! *en y portant la main pour l'examiner, mais d'un ton de surprise et d'émotion tout à la fois :* De qui tenez-vous ce portrait, mon cher ! parlez, parlez ?

Aristée. Il m'a été transmis par ma nourrice.

L'Étranger. Par votre nourrice ! votre nourrice !... et savez-vous bien , mon ami, qu'il m'appartient....

ARISTÉE *le fixant et un peu troublé* : Il m'a toujours été dit que c'étoit le portrait de celui qui m'a donné le jour, le seul bienfait d'une mère que je n'ai jamais connue.

L'ÉTRANGER. Quelle autre preuve en avez vous?

ARISTÉE. Les bienfaits que j'en ai reçus récemment après un silence de tant d'années, qui m'avoit réduit à l'état pitoyable, où je me suis vu si long-temps.

L'ÉTRANGER. O nature! je ne puis t'étouffer, tu triomphes! C'est mon fils! *ne pouvant retenir ses larmes.* Je ne puis le méconnoître. Dieu! où le hazard va me le faire rencontrer.

ARISTÉE, *à ses genoux*, Oui, si un destin contraire ma condamné à vivre loin de vous; si les convenances m'interdisent de pénétrer le secret de ma naissance, d'être publiquement avoué pour votre fils, reconnoissez-le au moins aux sentimens qui m'ont été transmis, à l'émotion qui m'agite, aux larmes qui coulent avec les vôtres : ne me dérobez point l'effusion de vos sentimens paternels !

LE PÈRE D'ARISTÉE. Relève toi mon fils, que je t'embrasse ! je ne te reconnois que trop à ma sensibilité et à la tienne, ainsi qu'à ta délicatesse.

Je sens que je dois bénir les circonstances qui m'ont conduit ici, et me font assister à ton hyménée. Ton bonheur inattendu t'adoucira le regret de vivre séparé de ton malheureux père ; je me félicite que tu me retrouves dans la bienveillance et la magnanimité de De Hauteterre.

Ma fille, approchez, que je vous embrasse aussi, *les pressant tous deux entre ses bras*, que je vous donne, mes chers enfans, ma bénédiction paternelle.

CYPRINE et ARISTÉE *se jètent à ses genoux qu'ils em-*

brossent, père vénéré autant qu'aimé, nous n'oublierons jamais les obligations que vous nous faites contracter. Agréez à jamais notre amour et notre reconnoissance.

ARISTÉE. O le plus aimant, le plus vertueux des pères, ma sensibilité parle pour ma piété filiale !

LE PÈRE D'ARISTÉE. Je ratifie votre union. Comptez comptez sur mes bienfaits , je ne vous oublierai point non plus que le trop honnête et généreux De Hauteterre. Je désirerois pouvoir jouir plus long-temps du plaisir d'être avec vous , d'épancher dans votre sein tous les sentimens de tendresse que j'éprouve. Attaché à la suite du prince, je vais avec regret vous quitter, mais je vous laisse mon cœur, mon souvenir !

UN AUTRE DES ÉTRANGERS, *s'approchant et prenant la parole avec un ton de dignité et de grandeur, mais de bonté tout à la fois.* Couple intéressant, satisfaits de votre bonheur, vivez, vivez heureux au sein de la paix et de l'innocence ! Puissiez-vous donner dans peu à l'état et à la patrie des rejetons dignes de votre race ! *et s'adressant à tous ceux qui ont pris une part active à la séance :*

Vos discours et vos luttes agronomiques estimables bergers , m'ont fait autant de plaisir qu'ils vous honorent. Cultivez des goûts aussi louables; l'art que vous illustrez et qui vous illustre à mes yeux , ne sauroit qu'y gagner. Et si la persuasion que tels sont aussi les sentimens du plus paternel, du meilleur des princes, peut ajouter quelque encouragement à vos nobles efforts, recevez-en l'assurance par ma bouche : mon cœur interprète du sien vous les rend, et les lui rendra.

Heureux bergers, plus heureux de porter la houlette, que les rois le sceptre, vous seuls connoissez et savourez les plaisirs purs et innocens de la nature; c'est dans vos cœurs que s'est exilée l'aimable

gaîté et cette joie effusive et douce, que ne con-
noissent plus guère que de nom, les grands et
puissans de la terre. Libres d'ambition et de ces
passions jalouses et vexantes, ne désirez jamais
d'échanger votre bonheur contre les plus grandes
faveurs de la fortune. Ah ! près de vous et de la
simple nature, que ne puis je y couler des jours
tranquilles et sereins ! oublier à jamais cour, grandeur
puissance, ennuis et défaveurs ! et ne rêver que bien-
public, champs, vie agréable et douce, amour et ses
douceurs, sentimens paternels et piété filiale !

D'ARCHEROUTTE. Seigneur, nous n'oublierons jamais
le bonheur et la faveur singulière des cieux, qui nous
sont échus d'avoir joui de votre présence dans une fête
pastorale de canton, qui n'a d'autre motif que de con-
tribuer à faire fleurir l'agriculture, secondant les vœux
de sa majesté, et coopérer à la restauration des mœurs.

L'ÉTRANGER. C'est très-louable et bien vu.

DE HAUTETERRE, *s'adressant au père d'Aristée* : je
n'ai qu'à m'applaudir, seigneur, de mes sentimens de
bienveillance envers mon fils, je ne doutois pas qu'ils
ne pouvoient être mieux placés, et je sens aujourd hui,
quelque illustration qu'il puisse résulter de votre pro-
tection pour ma famille, que ma considération pour
Aristée, ma vénération et ma reconnoissance pour
l'auteur de ses jours ne sauroient aller plus loin.

Daignez honorer, seigneurs, pour un moment, de
votre présence nos danses pastorales et pantomimes ;
sincère expression de notre joie et des divers sentimens
qui nous animent dans ce jour de jubilation, que la fête
des ruches honorée de votre présence, celle des cœurs
de famille retrouvés, des nœuds d'hymen formés sous des
heureux auspices et tout doivent rendre si mémorable!

F I N.

AVERTISSEMENT.

J'aurois beaucoup de choses à dire pour justifier
la restauration de l'églogue et les innovations que je
me suis permises à cet égard ; je pourrois faire
valoir l'intérêt de l'agronomie et de l'agriculture, et
leur encouragement ; le besoin de propager les
goûts simples, l'amour des champs et de la vertu ;
le bonheur et les charmes de la vie agronomique
et des passions douces, que l'on éprouve près de
la nature ; enfin les avantages d'utiliser un genre de
belles-lettres, immortalisé par Théocrite, Virgile,
Bion, mais suranné ; qu'envain Segrais et Fonte-
nelle ont essayé de ranimer par le soufle de leur
esprit, croyant pouvoir par là le rapprocher davantage de nos mœurs : qu'il me suffise de citer à l'appui
de mon opinion, sur la necéssité de restaurer l'é-
glogue, l'auteur des deux âges du goût et du génie
français, et l'auteur du spectacle des beaux arts, qui
ont dit formellement : on pourroit enrichir ce
genre de détails sur les occupations champêtres
d'expériences et de découvertes d'agriculture, de
certaines espèces d'amusemens, de sentimens de
bienfaisance, communs à des âmes bien nées, surtout à des hommes sans ambition et sans rivalité, qui
cherchent à communiquer et à répandre le bonheur
dont ils jouissent ; égayer ces scènes champêtres
par la représentation de fêtes sans fastes, mais vives
et gaies, un mariage, l'arrivée d'un bienfaiteur public,
ou tels autres événemens. Malgré ces autorités,
je crains bien que la jalousie, sous toute sorte de
masque, acharnée contre moi, ne trouve à critiquer
ce nouveau genre *georgico-bucolique et scénique.*

Cl. ROUGHER-DERATTE.